AF591544

LE PROCEDE D'OXFORD

DE DESSICCATION DE BETTERAVES

ET D'EXTRACTION DU SUCRE DES COSSETTES SECHES

BIBLIOTHÈQUE NATIONALE R.F. IMPRIMÉS

DON 309483

Rapport présenté à la

Sugar Beet and Crop Driers Ltd (London)

par

D. SIDERSKY

Ingénieur-Chimiste

PARIS

1928

4° S. 3513

A la suite d'une aimable invitation de la SUGAR BEET AND CROP DRIERS LTD (London), datée du 14 Mai 1928, l'Auteur du Rapport qui suit a visité la fabrique de sucre de Eynsham-Oxford, où il a pu suivre, durant plusieurs jours consécutifs, la marche du nouveau procédé d'Oxford et de l'étudier dans tous ses détails.

Mr. le Dr. OWEN, Director of the Institute of Agricultural Engeneering, University of Oxford; Mr. DELFOS, Chef de la fabrique, et Mr. MELROSE, chimiste-chef de fabrication, ont particulièrement facilité la tâche du visiteur, par tous les moyens à leur disposition. C'est, pour le signataire de ces lignes, un très agréable devoir de leur exprimer, à cette place, sa plus vive reconnaissance.

I.

INTRODUCTION

La betterave à sucre accomplit son cycle végétatif en deux périodes. Pendant la première année de sa végétation, elle constitue son pivot charnu et accumule les matériaux de réserve. Au cours de la seconde année de sa végétation, la betterave émet d'abord une couronne de feuilles autour du collet, puis, toute une série de tiges florifères. Après son arrachage du sol, la betterave continue donc à vivre et à respirer; elle absorbe de l'oxygène et dégage de l'acide carbonique. Pour pouvoir la conserver, il est indispensable de la maintenir dans cet état de vitalité, car si elle meurt, elle est envahie rapidement par la fermentation putride, comme tout autre être organisé dans les mêmes circonstances.

Or, les causes qui peuvent la faire mourir sont :

1°- L'asphyxie, l'étouffement, par accumulation de l'acide carbonique formé, ne permettant pas l'accès de nouvelles quantités d'oxygène;

2°- La désorganisation de ses tissus par l'échauffement et les fermentations lactiques, visqueuse et putride, qu'il finit par produire;

3°- Une évaporation excessive de son eau de végétation, qui conduit aussi à la pourriture sèche;

4°- La gelée, qui fait éclater les cellules par la dilatation du jus sucré à sa solidification; dès qu'arrive le dégel, les ferments envahissent rapidement la chair ainsi désorganisée, la betterave noircit et la pourriture est presque immédiate.

En dehors de la perte qui résulte de l'altération rapide, consécutive à la cessation de la vie, la betterave peut éprouver des pertes en sucre par la reprise de la végétation; elle développe des pousses aux dépens des matériaux de réserve qu'elle avait accumulés.

On conçoit qu'il est bien difficile de soustraire complètement la betterave, à la fois, à toutes ces influences. Aussi, suivant les pays et les climats, se borne-t-on à combattre celles qui sont les plus menaçantes.

Généralement les betteraves sont transportées, après la récolte, aux dépôts placés au voisinage de la sucrerie, au fur et a mesure des livraisons qui se succèdent pendant tout le mois d'Octobre et la première quinzaine de Novembre. Les betteraves sont accumulées en tas qu'on enlève pour les besoins de la fabrication. L'idéal serait incontestablement de pouvoir recevoir les betteraves au fur et à mesure que la fabrique les travaille. Mais la réalisation complète de ce désideratum n'est jamais possible et, pour diverses raisons climatologiques et agricoles, la réception des betteraves est toujours terminée plus ou moins longtemps avant la fin des travaux de fabrication, ce qui nécessite la conservation d'une partie des betteraves dans la cour de l'usine en les mettant en silos. Toutefois, quelque soit le mode d'ensilage, les betteraves éprouvent toujours une certaine perte en sucre durant la conservation. En effet, la betterave se décompose et perd son sucre sous l'influence de trois causes: l'eau, l'air, la chaleur, et tous les efforts pour obtenir une bonne conservation doivent reposer sur l'atténuation de l'influence de ces trois facteurs.

La perte en sucre dans les silos augmente avec la température, avec les alternatives d'humidité et de sécheresse, et, comme l'a démontré Mr. le Dr. CLAASSEN, avec la ventilation (1). Pour déterminer cette perte, il faut tenir compte de la variation du poids. Or, la perte de poids dépend des conditions climatologiques de l'arrachage et de l'ensilage et surtout du mode d'établissement des silos. Dans les grands tas non couverts, ni aérés artificiellement, la perte de poids est nulle ou seulement de quelques unités pour cent, suivant les circonstances; dans les grands tas couverts de terre, elle est toujours voisine de 5 %; c'est dans les tas pourvus d'une ventilation spéciale et dans les hangars ou les silos clos abrités sous des toits qu'elle est la plus forte, elle y atteint 5 à 10 %.

En tenant compte du poids, on peut dire que, dans nos pays à climat tempéré et pour un ensilage de fin Octobre jusqu'en Décembre, (soit de 6 à 8 semaines) la perte en sucre par jour est de 0.010 à 0.012 % kilog. de betteraves, dans les grands tas aérés artificiellement, et de 0.019 % environ, dans les grands tas recouverts de terre.

Dans les petits silos couverts de terre que peuvent faire les cultivateurs, la perte est de 0.006 à 0.007 % par jour.

Tous les chiffres qui précèdent se rapportent à des betteraves entières, non blessées, normalement décolletées; ils sont empruntés aux résultats des essais de Mr. le Dr. CLAASSEN (1).

La pureté des jus rétrograde pendant le séjour en silos, d'une part par la diminution de la quantité de sucre, d'autre

part, par l'augmentation du non-sucre organique, lequel s'accroît des produits dérivés du sucre et de certains constituants du marc que se solubilisent. Ces matières organiques supplémentaires ne s'éliminent pas par le traitement calco-carbonique, et ce sont elles qui donnent surtout lieu à la formation de sels organiques de chaux solubles. C'est à l'augmentation du taux du sucre inverti et aux produits bruns qui en dérivent qu'est dû spécialement la coloration plus foncée des jus et sirops en fin de fabrication.

En raison de ces altérations des betteraves dans les silos on tend de plus en plus, en France, à augmenter la puissance des fabriques de sucre, afin d'en abréger la période de fabrication. La Statistique officielle publiée par le MINISTERE DES FINANCES (2) est particulièrement éloquente sur ce point. Voici les chiffres moyens se rapportant aux trois dernières campagnes :

	Nombre de fabriques	Nombre de journées de 24 heures par fabrique	Betteraves par journée et par fabrique
1924 - 25	107	99.9	573 tonnes
1925 - 26	107	86.7	578 "
1926 - 27	108	72.1	634 "

(1) - Cf. Dr. A. CLAASSEN, Die Zuckerfabrikation. (5e édition, In-8°, Magdeburg, 1922), pp.28-30.

(2) - Cf. Bulletin de Statistique et de Législation comparée. Novembre 1927, pp. 696 - 702.

II.

DESSICCATION.

L'idée de dessécher les betteraves découpées en cossettes, en vue d'une conservation plus longue, et de macérer ou diffuser les cossettes desséchées, est fort ancienne, Jules HELOT (1) l'a décrite dans les termes suivants :

> " Parmi les nouveautés les plus remarquables mises en
> " oeuvre pendant cette période (1840-1860), il faut
> " classer en premier le procédé Schutzenbach répandu dès
> " 1845, en Würtenberg et dans le Grand Duché de Bade. Il
> " reposait sur la dessication des betteraves auxquelles
> " on faisait perdre les 4/5 de leur eau dans le but
> " d'éviter de lourds transports, et d'obtenir une conser-
> " vation permettant une fabrication prolongée. L'usine
> " de Waghäusel travaillait ainsi de 30 à 50 millions de
> " kilogs de betteraves".
>
> " Un seul lessivage, par filtration sur la cossette
> " broyée, suffisait pour épuiser le sucre, et obtenir un
> " vrai sirop de 20 à 25° Baumé, contenant de 40 à 42 %
> " de sucre".
>
> " Une immense usine montée en Galicie, au pied des
> " Carpathes, au delà de Lemberg, pouvait produire 20
> " millions de kilos de sucre raffiné. L'usine centrale
> " possèdait 14 sécheries à 25 ou 30 kilomètres de distance.
> " Le rendement en sucre y était de 6 % du poids initial
> " de la betterave. Toute évaporation était supprimée.
> " Schützenbach estimait le prix de cette usine à 1/6 de
> " ce qu'il eût fallu dépenser en fabriques ordinaires pour
> " travailler la même quantité de betteraves".
>
> " En France, Evrard, fabricant de sucre à Valenciennes,
> " dans une communication faite en 1846 à la Société d'En-
> " couragement, disait qu'à l'usine de Hérin, la cossette
> " blanche s'était parfaitement conservée, même dans une
> " grange humide, et qu'il avait obtenu 18 Kilogs de
> " cossettes par 100 Kgs de betteraves".

Depuis cette époque lointaine d'autres inventeurs ont repris l'idée de Schützenbach, en y apportant quelques variantes, mais sans grand succès (2). En 1900-01, M. LAFEUILLE s'étant trouvé en Égypte aux prises avec des difficultés accrues par le climat et par les déplorables conditions de transport a cherché une solution dans un procédé qui conserve sans altération le sucre dans la betterave séchée, reprenant ainsi, en la

perfectionnant, l'idée de macération des cossettes desséchées, dûe à Schützenbach.

Les cossettes fraîches, desséchées méthodiquement dans des fours spéciaux, de façon à éviter toutes caramélisation du sucre, se conserveraient sans altération, grâce à la stérilisation dûe à la haute température, et donneraient ensuite, par lessivage, un sirop dense et pur qui, après une épuration sommaire - (par exemple, par la sulfitation barytique), pourrait aller directement à l'appareil à cuire. Ce procédé permettrait d'étendre la Campagne à une fraction quelconque de l'année, après avoir desséché les cossettes au fur et à mesure de l'arrachage des betteraves, ce qui serait parfaitement utile dans les pays méridionaux, où la conservation de la betterave fraîche est si difficile.

Toutefois, les appareils à double tambour rotatif de Lafeuille n'ont pas permis d'éviter la caramélisation. Celle-ci, quoique souvent réduite à peu de chose et ne représentant pas d'inconvénient dans le fourrage ni pour la distillation, était cependant un obstacle à l'application du procédé en vue de la fabrication du sucre (3).

En 1923, M. INEO DE VECCHIS a installé à la Sucrerie Agricole de Viterbe (Italie) un procédé de dessiccation de betteraves et d'extraction du sucre des cossettes desséchées (brevet français n°-570.863), caractérisé par la dessiccation des cossettes fraîches chauffées à 90-100° et maintenues à cette température pendant trois heures, la lixiviation méthodique de ces cossttes et l'épuration du sirop extrait par la chaux et le superphosphate. Ce procédé avait évidemment beaucoup de ressemblance, avec celui de Lafeuille, et ces deux inventeurs soutenaient, chacun de son côté, que le chauffage des cossettes y provoque la rupture de la membrane cellulaire, fait que les expériences minutieuses faites ultérieurement sur ce point à l'Institut de Technologie Agricole de l'Université d'Oxfort n'ont nullement confirmé (4). Quant aux appareils de dessiccation préconisés par de Vecchis, il les a passés sous silence dans son brevet français, de sorte que nous ignorons absolument par quels moyens cet inventeur est parvenu à éviter toute altération du sucre durant la dessication prolongée pendant trois heures. - Dans un article consacré au Procédé de Vecchis, inséré au Journal des Fabricants de sucre du 6 Mars 1926, J. de GROBERT rappelle que "les résultats favorables annoncés
" par M. de Vecchis seraient dûs : 1° - à la coagulation des ma-
" tières albuminoïdes; 2° - aux modifications subies par d'autres
" matières organiques sous l'action prolongée de la chaleur pendant
" le séchage". Et l'éminent technicien fait remarquer que
" M. de Vecchis ne dit pas quelles sont ces matières organiques
" qui seraient ainsi favorablement modifiées par la chaleur et il
" ne donne aucun résultat d'expérience à l'appui de son hypothèse".

D'ailleurs,Mr.de Vecchis s'est fait breveter uniquement le procédé, sans aucun appareil, et le Patentamt allemand ne lui a accordé le brevet (D.R.P.N° 412.158) que sur le procédé de défécation du sirop des cossettes sèches, au moyen de la chaux et du supperphosphate. Quant à la dessiccation des betteraves découpées en cossettes, cet inventeur, à l'instar de ses devanciers, a posé le problème sans le résoudre.

---

(1) Cf.- JULES HÉLOT, Le Sucre de betteraves en France de 1800 à 1900.- (4°-, Paris, 1900) pp. 73/74.

(2) Cf.- SIDERSKY, Les Sécheries Agricoles.- (In- 8°, Paris 1910), pp. 22 - 42.

(3).- Suivant les propres termes de M. LAFEUILLE dans sa lettre insérée au Journal des Fabricants de sucre du 10 Mai 1924.

(4) Cf.- B.J. OWEN, Dessiccation of Sugar Beet and the Extraction of Sugar.- (In 8°,London 1927), pp.70-72; figures 34-39.

III

LE SÈCHAGE ÉCONOMIQUE DES COSSETTES de BETTERAVES.

Les appareils établis pour la dessiccation des matières agricoles dont les principaux sont décrits dans mon livre "LES SECHERIES AGRICOLES" (Chapitre XII, pp.120-151), sont classés en quatre groupes distincts : 1°- Appareils séchant dans le vide; 2°- Appareils utilisant la vapeur, 3°- Appareils utilisant les gaz de combustion: 4°- Appareils utilisant les gaz des carneaux. Chacun des constructeurs s'est préoccupé avant tout de rendre très économique la marche de son appareil, ayant abordé le problème de la dessiccation par son côté mécanique exclusivement, sans se soucier des réactions physico-chimiques et physiologiques qui se produisent dans la matière durant le chauffage, dont l'étude préalable s'imposait dans la circonstance. En effet, ces séchoirs sont généralement construits de telle façon que l'air chaudy est mis en contact avec la surface de la matière à dessécher, sans la pénétrer, ce qui fait que la dessiccation complète exige un temps prolongé.

Or, l'étude de ces importantes questions, poursuivie avec beaucoup de soin par M. B.J. OWEN, à l'Institut de Technologie Agricole de l'Université d'Oxford, l'a conduit aux constatations suivantes :

La deshydratation artificielle d'une masse de matière végétale est régie avant tout par le tassement de la masse et par le temps qu'il exige pour se produire, et ce tassement varie de zéro à la partie supérieure à un maximum à la partie inférieure de la masse, en produisant dans celle-ci une réaction qui dépend de la pression et de la température auxquelles l'air chaud est introduit et réparti dans cette masse de matière.

Pendant la deshydratation certaines réactions physico-chimiques et physiologiques produisent quelques effets naturels, tels que l'exudation et la transpiration, variant avec le degré du tassement produit et la pression qui en résulte, la vitesse du déplacement de l'air chaud à travers la masse de la matière, le pourcentage d'humidité de l'air chaud pénétrant dans la matière, et les conditions déterminées de température. Il s'y produit également des réactions exothermiques, ayant pour résultat la production de chaleur, telles que la respiration, l'action des microorganismes et l'oxydation de la matière. L'étude de ces réactions naturelles a démontré que les effets sont matériellement influencés par les conditions dans lesquelles l'air chaud est introduit dans cette masse de matière. Celui-ci étant habituellement introduit au centre de la masse de matière et distribué de là dans celle-ci, cette masse est progressivement chauffée concentriquement, et il en résulte que ses parties

centrales atteignent rapidement la température de l'air introduit et qu'il faut quelques heures avant que les parties périphériques de la masse l'atteignent également. L'évaporation artificielle produite par l'air chaud s'effectue dans en une zone concentrique qui s'étend graduellement vers la surface extérieure de la masse au fur et à mesure de la progression du traitement. Les parties restantes plus froides de la masse sont entre temps sous l'influence des réactions chimiques qui se produisent dans des zones concentriques séparées suivant les différentes conditions de température et de pression qui prévalent autour de la zone d'évaporation artificielle, ces dernières zones concentriques étant repoussées vers l'extérieur et éliminées graduellement à mesure que la zone d'évaporation artificielle s'étend et la masse périphérique graduellement chauffée aux diverses températures auxquelles ces réactions cessent respectivement de se produire. La chaleur d'oxydation qui est produite par les réactions exothermiques aide ainsi à chauffer la masse de matière jusqu'à un degré qui dépend principalement de la température initiale de l'air introduit.

Ces études ont conduit M. OWEN à établir un procédé de deshydratation qui consiste essentiellement à régler le tassement de la masse de matière en traitement et à provoquer les réactions naturelles qui se produisent dans cette masse, en y introduisant l'air chaud dans des limites de température, de pression et de volume qui sont déterminées et coordonnées de manière à augmenter le plus possible l'allure de la déshydratation et à utiliser le mieux possible les effets des réactions exothermiques.

La température initiale de l'air introduit doit être telle qu'on retire le plus grand bénéfice possible de la propriété que possède l'air chaud d'extraire l'humidité et des effets calorifiques des réactions exothermiques qui sont accélérés par l'emploi d'air à des températures plus élevées. L'avantage qu'il y a à employer une température initiale relativement élevée ressortira des considérations suivantes. En ce qui concerne l'évaporation artificielle, la quantité d'humidité extraite par un volume donné d'air chauffé à 82° C. est à peu près dix fois plus grande que celle extraite à une température initiale de 44° C. Pour ce qui est des réactions exothermiques, la quantité de chaleur produite par oxydation chimique à une température de 93° C. est à peu près quinze fois plus grande que celle qui est produite à 37° C. De même, la quantité de chaleur d'oxydation dûe à l'action bactérienne, qui commence à se produire aux environs de 40° C., augmente jusqu'à ce qu'une température d'environ 70° C. soit atteinte, à laquelle les microorganismes générateurs de chaleur cessent d'agir et au delà de laquelle seule l'oxydation chimique se produit. En outre, la chaleur d'oxydation dûe à la respiration se dégage jusqu'à ce que la matière atteigne une température d'environ 49° C., à laquelle les plantes meurent et la respiration cesse. Toutefois, l'air introduit ne doit pas, d'autre part, être chauffé à une température

qui pourrait avoir un effet nuisible sur la matière particulière en traitement ou sur le produit final de celle-ci.

La détermination des limites de température les plus favorables pour l'air employé au traitement de différentes matières est régie par les considérations qui précèdent. Ainsi dans le cas de plantes fourragères croissant à la surface du sol, comme le foin par exemple, l'effet voulu serait produit en employant une température initiale comprise entre 71° C. et 93° C. tandis que dans le cas de céréales susceptibles d'être détériorées par une chaleur excessive, on obtiendrait des résultats satisfaisants en employant une température initiale comprise entre 54° C. et 68° C. Toutefois, dans le cas de certaines racines et autres produits non susceptibles d'être détériorés par un excès de chaleur, l'air introduit pourrait être chauffé initialement à des températures plus élevées, de 93° C. à 118° C. par exemple, suivant la nature et le caractère des plantes considérés. Si l'on employait une température initale sensiblement inférieure aux températures les plus basses mentionnées, les propriétés que possède l'air chaud d'extraire d'humidité diminueraient hors de proportion et les effets calorifiques des réactions exothermiques ne seraient pas utilisés au mieux.

Par l'emploi d'air chauffé initialement aux températures mentionnées, on provoque et on accélère le plus possible la naissance des diverses réactions exothermiques dans la masse de matière, en zones concentriques séparées. L'oxydation chimique qui a lieu dans la zone voisine de la zone intérieure d'évaporation artificielle s'effectue dans la zone voisine de la surface extérieure de la masse de matière, tandis que l'action bactérienne se développe dans la zone comprise entre les zones d'oxydation chimique et de respiration, jusqu'à ce qu'au cours de l'opération on atteigne successivement les phases auxquelles ces réactions exothermiques cessent respectivement de se produire.

Le volume initial d'air chaud introduit dans la masse de matière devrait être tel que, pour une matière contenant un maximum d'humidité, il ne se produise pas de condensation préalable dans cette masse dans les limites des températures citées plus haut. Un volume d'air compris entre 255 et 340 mètres cubes à la minute pour une masse de matière de 99 à 127.5 mètres cubes conviendrait dans la plupart des cas pour atteindre le but proposé. Si le volume était relativement moindre, il se produirait dans les parties extérieures de la masse en traitement une condensation préalable dûe à l'excès d'humidité. Si, d'autre part, le volume était relativement plus grand et la température beaucoup plus basse, cela nuirait à l'efficacité de la déshydratation.

La pression initiale sous laquelle l'air chaud est introduit

devrait être telle que la rapidité du tassement de la masse de matière diminue aussi rapidement que possible et que le volume approprié d'air mentionné ci-dessus soit introduit dans la masse suivant les variations qui se produisent au cours du tassement. Le tassement relativement rapide de la masse de matière durant la première phase de l'opération, alors que la matière est chauffée par l'air, a d'abord pour effet une augmentation proportionnée de la résistance offerte par cette masse au passage de l'air qui la traverse; toutefois, à mesure que le traitement se poursuit et que la dessiccation de la matière s'effectue, la résistance de la masse de matière diminue en rapport avec la diminution conséquente de la vitesse de tassement et l'augmentation de la déshydratation se produisent durant les phases suivantes de l'opération. Comme l'air est habituellement aspiré à travers le réchauffeur et refoulé dans la masse de matière au moyen d'un ventilateur actionné mécaniquement, les variations de résistance dûes au tassement provoquent des variations correspondantes de la force motrice nécessaire pour refouler le volume voulu d'air chaud dans la masse de matière, et des variations conséquentes du volume et de la température de cet air. Ces variations relativement minimes dans des conditions normales peuvent cependant être rectifiées par l'emploi d'une pression initiale appropriée, avantageusement mesurée en hauteur de colonne d'eau et mise dans l'impossibilité de varier au delà de certaines limites prédéterminées.

La pression initiale sous laquelle l'air doit être introduit dépend aussi de la teneur en humidité de la matière relativement humide, et devrait être plus forte dans le cas de matières humides que dans le cas de matières relativement sèches, proportionnellement au pourcentage d'humidité existant. Lorsqu'c emploie un moteur de 12 à 20 HP pour actionner un ventilateur du type à simple effet, on obtiendra des résultats satisfaisants dans la plupart des cas en employant une pression initiale comprise entre 3,75 et 7.5 centimètres de colonne d'eau dans la conduite amenant l'air à la masse de matière. Toutefois, dans le cas où l'on emploie un moteur plus puissant et où la capacité du réchauffeur est suffisamment grande, la pression pourrait être élevée jusque par exemple 10 cm. de colonne d'eau, mais le volume devrait alors être augmenté dans une proportion correspondante.

L'efficacité du procédé est augmentée par l'emploi d'air chauffé de manière à posséder un coefficient d'absorption élevé et un faible pourcentage d'humidité, et débité dans les conditions assurant une distribution égale et une pénétration uniforme de l'air dans toute la masse de matière.

Après avoir appliqué le système décrit à la dessiccation du foin et des céréales mouillées, Mr.OWEN a étudié l'application du même procédé à la déshydratation des betteraves, en vue d'en extraire le sucre.

Les données et faits suivants qui concernent la betterave à sucre et qui dépendent de la composition et des propriétés de la matière et de la nature de son produit, ont été déterminés par l'expérience. Pour éviter des effets nuisibles sur la teneur en sucre de la matière, il ne faut pas que la betterave à l'état humide soit chauffée à une température dépassant 104° C., la vitesse de formation du sucre inverti étant fonction de la température et de l'humidité. Après la récolte, les betteraves sont sujettes, spécialement lorsqu'elles sont débitées en cossettes, à se détériorer naturellement, en présence d'humidité, à une vitesse qui est si grande qu'il est nécessaire que la matière soit traitée promptement après sa sortie du coupe-racines. Comme la quantité de sucre inverti formée est fonction de la température, de l'humidité et du temps, et serait augmentée d'au moins 50 % si l'on doublait la durée du traitement, il convient d'accélérer la déshydratation autant que possible sans toutefois élever la température de la betterave au-dessus du point critique. Des résultats satisfaisants sont obtenus lorsque le traitement s'accomplit pendant un temps ne dépassant pas une heure, M. OWEN a trouvé que toute quantité de cossettes usuellement soumis au traitement peut être déshydraté économiquement et avantageusement en 45 minutes. En ce qui concerne la porosité ou la perméabilité, la résistance naturelle offerte par les cossettes au passage de l'air chaud est notablement influencée par leur retrait au cours de la déshydratation, ce retrait étant voisin de 50 % après le séchage et la résistance pendant le séchage diminuant graduellement jusqu'à 25 % environ de la résistance initiale. On peut encore augmenter la prorosité de la matière par une diminution correspondante de la durée du traitement en découpant les betteraves en cossettes minces en forme de faitières, la surface de matière exposée à l'air par unité de poids étant ainsi augmentée dans la plus grande mesure possible.

Lorsque la betterave est traitéecau repos et qu'on fait passer l'air d'une façon continue à travers l'épaisseur de la masse entière, la déshydratation est effectuée de la façon la plus avantageuse et la plus économique en faisant passer l'air à une température d'entrée comprise entre 82 et 100° C. à travers une épaisseur de matière de 20 à 30 centimètres, et il est ainsi possible, dans ce mode de traitement, d'évacuer l'air de la matière à l'état saturé à une température de sortie de 27 à 32° C. pendant un temps variant du tiers aux deux tiers de la durée totale du traitement. La matière peut être ramenée en un temps ne dépassant guère une heure, à 10 % d'humidité, dans le cas des températures d'entrée et de sortie et de l'épaisseur susmentionnées, si l'on applique un volume d'air de 10-15,5° C. saturé avant le chauffage, équivalent à 550-650 kilogs d'air par minute et par tonne de betteraves, et à une pression initiale, mesurée en hauteur d'eau dans le conduit d'alimentation d'air, variant entre 38 et 65 m/m et produisant une vitesse de l'air, à la sortie, de 70 à 85 mètres par minute. Toutefois par suite du retrait de la matière et des changements que subit sa porosité pendant le

séchage, cette pression initiale peut être graduellement réduite, à mesure que le traitement s'accomplit, par un réglage convenable de l'énergie motrice employée pour faire passer l'air à travers la matière, jusqu'à une pression finale de 10 à 18 m/m de hauteur d'eau, sans diminuer la vitesse de sortie de l'air et sans augmenter la durée de la déshydratation.

Quant le traitement de la betterave s'effectue pendant que celle-ci est animée d'un mouvement continu ou intermittent, et que l'air est conduit par intervalles à travers la dite matière de façon que celle-ci soit progressivement séchée, par exemple, en trois phases successives sensiblement égales, les températures d'entrée respectives de l'air pour les divers passages de la matière, en supposant que chaque passage soit effectué à une température sensiblement constante, ne doivent guère dépasser 100° C. pour le premier passage à travers la matière presque sèche, 110° C. pour le passage intermédiaire à travers la matière partiellement pdésséchée, et 127° c pour le dernier passage à travers la matière humide. Toutefois, lorsque les différentes températures d'entrée respectives de l'air sont réglées pour chaque passage selon la diminution progressive de la teneur en humidité qui se produit pendant la période de chaque passage, et sont ainsi rendues en tous points proportionnelles au degré d'humidité présent dans la matière, les résultats les plus satisfaisants sont obtenus en utilisant des températures d'entrée qui sont graduées de 88 à 104° C. pour le premier passage, de 104 à 121° C. pour le passage intermédiaire et de 121 à 160° C. pour le dernier passage. Avec une alimentation d'air aux températures moyennes spécifiées, la déshydratation est effectuée de la façon la plus avantageuse et la plus économique en empilant la matière fraîche sur une hauteur variant de 13 à 23 centimètres, et il est ainsi possible d'évacuer l'air sortant de la matière à un état de saturation constant à une température de sortie de 43 à 49° C. pendant toute la durée du traitement continu , et d'enlever en 15-20 minutes 50 à 65 % de la teneur en humidité totale de la matière fraîche. Les cossettes fraîches peuvent être séchées en 45-60 minutes à 5-10 % d'humidité dans le cas des températures d'entrée et de sortie et d'une épaisseur de matière mentionnées, en appliquant un volume d'air, d'une température de 21-27° C. et saturé avant le chauffage, équivalent à 300-380 Kg. d'air par minute et par tonne de betteraves, avec une pression initiale mesurée en hauteur d'eau dans le conduit d'alimentation d'air variant de 2,5 à 5 centimètres, et produisant une vitesse de l'air à la sortie de 55 à 70 mètres par minute. On voit que ce dernier

mode de traitement, en comparaison avec le traitement stationnaire précédemment considéré, permet d'utiliser un volume d'air beaucoup plus petit, tout en obtenant sensiblement le même effet, parce que la température de sortie qui peut être atteinte est beaucoup plus élevée et que la pression totale ou la force motrice qu'il exige est beaucoup plus faible, bien que l'air soit conduit trois fois à travers la couche de matière.

La sucrerie d'EYNSHAM possède deux grands séchoirs indépendants, dans lesquels les cossettes de betteraves se déplacent lentement sur un tamis en forme de chaine sans fin. L'appareil est divisé en trois parties égales que les cossettes parcourent successivement, et dans chacune d'elles est insufflé l'air porté à la température appropriée. L'air sortant du premier compartiment où s'achève la dessiccation est réchauffé et introduit dans le compartiment intermédiaire. Il en est de même de l'air sortant de ce compartiment du milieu qui est réchauffé et utilisé ensuite dans le dernier compartiment où il traverse la masse de cossettes fraiches et dont il enlève la majeure partie de leur humidité, pour être évacué au dehors. Pendant la dessiccation, le sucre contenu dans les cossettes ne subit aucune altération, fait démontré par de nombreux essais.

Ces appareils sont réglés automatiquement en tous leurs détails, et un seul ouvrier suffit pour surveiller l'atelier, M. OWEN se propose d'établir, dans une nouvelle installation éventuelle, une batterie de plusieurs séchoirs plus petits; afin de réduire au minimum les risques d'un arrêt accidentel, le même ouvrier pouvant surveiller un certain nombre d'appareils groupés ensemble dans le même local.

C'est grâce à ces appareils fonctionnant automatiquement qu'on a enfin réalisé le problème de la dessiccation rationnelle et économique des betteraves à sucre et leur conservation prolongée d'une récolte à l'autre, permettant ainsi la fabrication du sucre pendant toute l'année.

Lors de ma visite à la Sucrerie d'EYNSHAM près Oxford, dans la seconde quinzaine de Mai 1928, j'ai vu au magasin des grands tas de cossettes desséchées provenant de betteraves récoltées tant en 1926 qu'en 1927, toutes parfaitement conservées. Celles préparées avec des betteraves saines (de 16.25 % de sucre) avaient une belle couleur jaune paille et une teneur en sucre de 64,05 %. Mais une partie de la dernière récolte, dont les betteraves fraîches furent fortement altérées par la gelée et le dégel (titrant seulement 14.90 % de sucre, avec une très basse pureté), avaient une couleur plus foncée, et titraient 62.10 % de sucre. Or, c'est précisément ces dernières cossettes qui furent mises en oeuvre dans la fabrication dont on tira cependant, comme produit final, du beau sucre raffiné d'une blancheur de neige et d'une cristallisation uniforme.

Dans son livre "Die Zucker -Fabrication" (5e édition, Magdeburg 1922, pp.99-100) Mr. le Dr.H. CLAASSEN, parlant de la dessiccation des betteraves sucrées, qu'il estime comme étant irrationnelle dans les circonstances normales, ajoute que celle-ci est toute indiquée lorsque, vers la fin d'une campagne sucrière, il en reste un lot de betteraves altérées par la gelée, devenues inutilisables pour l'extraction du sucre. En les soumettant à la dessiccation dans un appareil employé pour les pulpes on en retirera un excellent fourrage sec. Le savant technicien allemand était loin de se douter que, précisément, par une dessiccation rationnelle des cossettes fraîches, en faisant usage d'un appareil mieux étudié que ceux qu'il connaissait, on arrivera un jour à produire du beau sucre raffiné, même avec des betteraves gelées. C'est assurément le meilleur critérium du "PROCEDE D'OXFORD" qu'on puisse faire.

IV

EXTRACTION DU JUS DES COSSETTES SECHES

A l'époque lointaine des essais de Schützenbach, rappelés plus haut -(page 6)-, l'extraction du jus des betteraves fraîches était obtenue par rapage et pression, et ce n'est que vingt ans après, en 1864, que Robert (de Seclowitz Silesie ,) avait installé la première batterie de diffusion, en découpant la betterave en cossettes minces. Schutzenbach avait donc proposé de dessécher par la chaleur les betteraves découpées en tranches, de pulvériser celles-ci et d'en extraire le jus par lixiviation avec de l'eau chaude.

M. de VECCHIS, qui a repris sous une forme nouvelle l'idée de Schützenbach, recommande également la lixiviation avec de l'eau chaude des cossettes desséchées suivant son procédé. En effet, cet inventeur, qui a l'imagination fertile, avait entrevu le phénomène de la rupture des cellules végétales, sous l'influence des hautes températures, fait démonti par les expériences de Mr. OWEN rappelées plus haut (page 7), et contredits nettement par les microphotographies publiées dans le Rapport de ce dernier (1).

C'est donc par la diffusion en vases clos qu'on extrait le jus des cossettes sèches, mais ce jus possède la concentration d'un sirop, titrant 50° Brix, alors que le jus de betteraves fraîches ne dépasse guère 15° Brix. Cela n'empêche pas de bien épuiser la pulpe, puisque le liquide du diffuseur en queue n'a que 0°5 BRIX. A la sucrerie d'EYNSHAM il y a une batterie de 10 diffuseurs cylindriques, à fond conique, avec un tuyau central d'arrivée du jus par le bas, pour meicher les cossettes pendant le chargement du diffuseur de tête. On fait arriver sur le diffuseur de queue de l'eau de 60° C., et l'on fait monter graduellement cette température dans les diffuseurs suivants, de manière à soutirer du diffuseur en tête un jus ayant 75° C. Indépendamment de sa concentration très élevée, ce jus, ou plutôt ce sirop, a une pureté plus élevée que celui d'un jus de betteraves fraîches, parce que les cossettes sèches ayant été stérilisées, les matières albuminoïdes y sont coagulées et les matières pectiques insolubilisées.

Avec des betteraves saines, donnant des cossettes sèches ayant 64 % de sucre, le sirop brut de diffusion titrait 46 % de sucre, avec une pureté de 88°. Mais avec les cossettes provenant des betteraves altérées par la gelée, le sirop brut de diffusion n'avait que 37 % de sucre, avec une pureté atteignant à peine 77°. Naturellement, ce sirop devait garder sa qualité inférieure au cours des opérations ultérieures, n'étant monté qu'à 79°4 de pureté après l'épuration calcique et à 81°4 et 94°3 de pureté du sirop issu de betteraves saines.Et le travail des masses- cuites fût

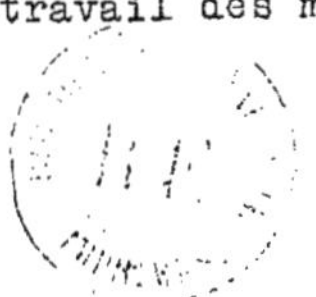

modifié en raison de cette situation, comme on le verra plus loin.

Ce sirop brut de diffusion de couleur claire lorsqu'il provient de betteraves saines, était très foncé avec le travail des betteraves gelées, mais il gardait néanmoins une transparence parfaite à la lumière, en rappelant celle du jus de diffusion acidulé qu'on obtient en Distillerie.

Or, le jus de diffusion de sucrerie issu de cossettes fraîches est habituellement trouble et de couleur très foncée, noircissant par son exposition à l'air sous l'action de certaines enzymes. D'autre part, le jus de diffusion est envahi par des microorganismes variés, provenant des impuretés adhérentes aux betteraves, ou bien apportés par les eaux du condenseur qu'on emploie souvent à la diffusion, et ces ferments se multiplient rapidement dans les diffuseurs où la température est plus basse; ils s'habituent même aux températures élevées et ils passent, nombreux, dans le jus soutiré. Ces ferments vivent aux dépens du sucre, et ils produisent des gaz et des acides de fermentation, non préexistants dans les betteraves, mais qu'on trouve toujours dans les produits de sucrerie, et surtout dans les mélasses. CLAASSEN y indique (2) les ferments nuisibles suivants: Leuconostoc, Bactérium Coli, Bacilus mesentericus et subtilis, et d'autre qui y sont apparentés. En observant au microscope une gouttelette de jus de diffusion ordinaire on voit le champs envahi par de nombreuses bactéries, ainsi que par un peu de pulpe folle (fig.I). En meichant le diffuseur on charge avec du jus préalablement porté à une température voisine de 100° C., selon le procédé Garez (3), on obtient un jus meilleur et le champs microscopique y est moins envahi de bactéries (fig.2). Avec le procédé Naudet, réalisant, par un autre moyen, le même effet de température, on obtient également un jus plus pur, mais non exempt de microorganismes.

Mais il en est tout autrement avec le sirop de diffusion de cossettes sèches, matière première stérilisée, avec une concentration plus forte et une température élevée dans toute la batterie. Les microorganismes y sont absents, et les multiples observations microscopiques que j'ai faites à la sucrerie d'Eynsham ne m'ont permis d'y trouver autre chose que quelques brins d'épiderme ou des fines chevelures de betteraves. Il n'y a donc pas de phénomènes biologiques, et partant, pas de pertes indéterminées de sucre comme dans le travail habituel de betteraves fraîches, lesquelles représentent, en moyenne 0,50 %.

---

(1) Cf. B.J. OWEN, A Report on an Investigation into the Dessiccation of Sugar Beet and the Extraction of Sugar.- 8°, London 1927, pp. 70-71, fig.34-39.

Diffusion ordinaire.

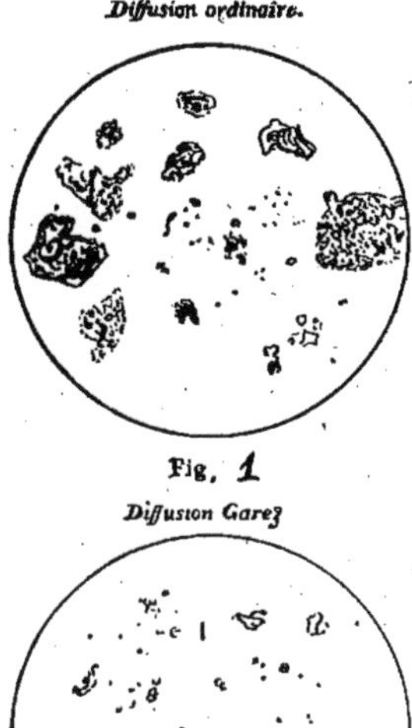

Fig. 1

Diffusion Garez

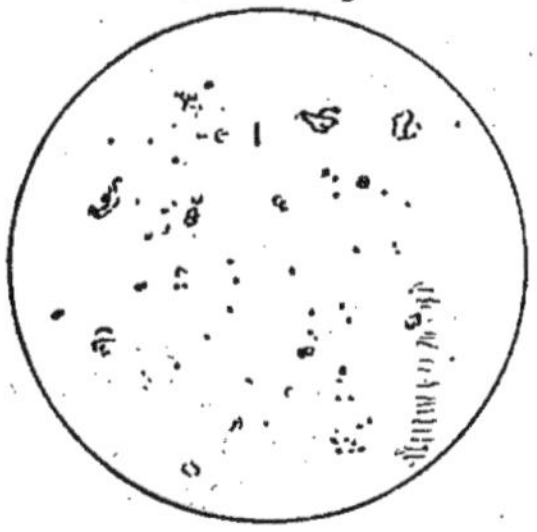

Fig. 2.

(2) Cf. CLAASSEN, l.c. p.63.

(3) Cf. SIDERSKY, Influence de la température de meichage sur la qualité du jus de diffusion ("Journal des fabricants de sucre", du 23 Mars 1899, auquel sont empruntées les deux microphotographies ici reproduites).

V.

SÉCHAGE DES PULPES .

Il est assez rare dans nos pays que l'on conserve à la fabrique même les pulpes de diffusion. Les cultivateurs fournisseurs de betteraves les enlèvent de l'usine, pour les conserver à la ferme.

Les silos à pulpes sont des fosses beaucoup plus longues que larges, souvent simplement creusées en terre à une petite profondeur. On y entasse les pulpes en les piétinant; on donne à la partie supérieure du tas une forme qui facilite l'écoulement des eaux de pluie et on la recouvre d'une légère couche de terre.

Au bout de quelques jours, les pulpes ensilées subissent une modification profonde par la fermentation qui s'y déclare. Le peu de sucre qu'elles renferment se transforme en alcool, puis viennent les fermentations lactiques, butyrique et acétique qui donnent aux silos une odeur désagréable. Les bestiaux sont très friands de la pulpe fermentée, dont la saveur est aigrelette et dont la consistance est celle d'une bouillie épaisse. Malheureusement, ces fermentations sont cause d'une grande déperdition de matières nutritives, par suite d'une liquéfaction partielle des substances solides de la pulpe.

La perte pour cent de la matière sèche primitive est très variable; elle peut aller de 10 à 60 % pour 7 ou 8 mois d'ensilage, mais en grande moyenne et avec des silos en terre, on peut l'évaluer d'après Maercker, à environ.

15 % après un mois de conservation;
20 % après deux mois " " ;
25 % après trois mois " " ;
30 % après quatre mois " " ;
35 % après cinq mois " " ;

ces chiffres représentent plutôt des minima.

D'autre part, les pulpes humides obligent les animaux à consommer beaucoup d'eau; elles donnent beaucoup de poids à transporter par unité de matières nutritives. Maercker proposa en 1881 la dessiccation artificielle des pulpes de diffusion, pour les amener à 10 ou 15 % d'eau et assurer ainsi leur conservation prolongée.

L'Association des fabricants de sucre allemands institua en 1884 un concours pour les meilleurs appareils destinés au séchage des pulpes, dont le prix fut attribué en 1888 au four Büttner et Meyer. Viennent ensuite les séchoirs Mackensen (1893),

Pétry et Kecking 1 (1894), Excelsior, construit par Sperber (1904), Impérial (1907) et le four Huillard séchant les pulpes avec les gaz perdus des générateurs (1904). On, en trouvera les descriptions et les dessins dans mon livre "LES SECHERIES AGRICOLES" (8°, Paris, Laveur, 1910).

A la Sucrerie Eynsham-Oxford, les pulpes sortant de la diffusion, quoique moins chargées d'eau que celles provenant du travail de betteraves fraîches, sont immédiatement envoyées au séchage dans l'un des appareils qui a servi à la dessiccation des cossettes fraîches. On a ainsi un résidu sec d'un transport peu onéreux et d'une conservation facile.

Composition centésimales des pulpes. - Voici un tableau dressé par le Professeur Maercker, sur la base d'un très grand nombre d'analyses :

Pulpes fraîches pressées.

	Maximum	Minimum	Moyenne.
Matières albuminoïdes	1.26	0.63	0.89
Cellulose brute	3.25	1.73	2.39
Matières grasses	0.07	0.03	0.05
Autres matières non azotées...........	8.94	4.27	6.32
Cendres	0.70	0.31	0.58
Eau	93.01	85.59	89.77
Pulpes conservées en silos.			
Matières albuminoïdes	1.92	0.59	1.07
Cellulose brute	4.29	1.73	2.30
Matières grasses	0.30	0.03	0.11
Autres matières non azotées	8.65	3.83	6.41
Cendres	1.96	0.39	1.09
Eau...................................	90.97	84.26	88.52
Pulpes desséchées.			
Matières albuminoïdes	7.25	3.06	6.51
Cellulose brute	20.17	17.77	18.57
Autres matières non azotées........(Matières grasses...................(	60.54	52.09	56.29
Cendres	7.40	4.90	6.02
Eau	15.73	9.17	13.58

VI

ÉPURATION ET CRISTALLISATION

Le sirop brut de diffusion, reçu dans un bac et maintenu à la température de 60-70° C, est additionné d'environ 0.3 % de chaux, soit 0.08 à 0.16 % de betteraves fraîches, quantité suffisante pour précipiter la majeure partie des impuretés et de rendre le sirop légèrement alcalin. La clarification subséquente est obtenue par essorage du liquide trouble dans un séparateur - centrifuge, genre écrémeuse sous forme d'écumes les impuretés en suspension et celles précipitées par la chaux. On décolore ensuite le sirop clarifié en y ajoutant un peu de charbon actif revivifiable, soit du Carbon Suchard, dans la proportion de 2 à 4 % de betteraves fraîches, suivant la qualité de ces dernières; on agite et l'on passe aux filtres-presses, dont le liquide clair est envoyé à la cristallisation dans la chaudière à cuire. Les tourteaux sont lavés et traités séparément dans le four à régénération du carbon.

Le sirop brut de la diffusion n'ayant une densité de 50° BRIX, on renforce celle-ci en dissolvant dans le sirop clarifié sortant du séparateur-centrifuge une certaine quantité de sucre roux provenant des masses-cuites arrières-produits. Et ce n'est qu'après cette dissolution de sucre roux qu'on traite le sirop dense par le Carbon Suchard. On réalise ainsi un double effet : On donne au sirop la concentration nécessaire pour la cristallisation dans l'appareil à cuire, et l'on relève en même temps son quotient de pureté.

Voici la composition chimique de ces sirops, d'après les analyses effectuées au laboratoire d'Eynsham.

	Betteraves saines			Betteraves gelées		
	Brix	Sucre	Pureté	Brix	Sucre	Pureté
Sirop brut de diffusion	52.0	46.0	88.3	48.7	37.0	76.9
" sortant du séparateur	51.0	46.0	90.2	47.6	37.8	79.4
" après traitement au charbon.	50.5	47.7	94.3	47.3	38.5	81.4

Le traitement du sirop final dans l'appareil à cuire dans le vide ne présente aucune particularité. Grâce aux propriétés physico-chimiques de ce sirop, on obtient une cristallisation très régulière et la masse-cuite obtenue fournit, après malaxage, turbinage et clairçage, du sucre raffiné de qualité excellente, et un sirop égout d'une pureté suffisamment élevée pour donner une seconde cristallisation en sucre blanc. L'égout de turbinage de la

masse - cuite 2° jet fournit la masse-cuite 3° jet, dont le turbinage donne du sucre roux et ainsi qu'une mélasse finale bien épuisée, dans la proportion d'environ 3 % de betteraves fraîches.

Avec les cossettes issues de betteraves gelées, mises en oeuvre lors de ma visite à Eynsham, le travail de cristallisation était modifié en ce sens, qu'avec la masse-cuite second jet on obtenait un sucre brut qu'on refondait dans le sirop, en même temps que le sucre roux provenant de la troisième cristallisation.

Comme il est facile de voir, l'extraction du sucre des cossettes desséchées est beaucoup moins compliquée que celle des betteraves fraîches.

VII.

LES CARACTÉRISTIQUES CHIMIQUES DU PROCÉDÉ D'OXFORD

Pour mettre en parallèles le nouveau procédé de fabrication de sucre, opérant avec des cossettes de betteraves préalablement desséchées, avec le travail habituel de la diffusion de cossettes fraiches, il ne faut pas perdre de vue les faits suivants :

Les petites fabriques d'autrefois, mettant en oeuvre 25.000 tonnes de betteraves par an, deviennent de plus en plus rares; elles sont considérées comme étant peu économiques.

Les grandes fabriques centrales, écrasant par jour plus de 1.000 tonnes de betteraves, possèdent chacune plusieurs râperies; celles-ci sont des petites usines où l'on extrait le jus de betteraves par diffusion, qu'on additionne de,0.8 à 1% de chaux et qu'on refoule par une pompe dans une canalisation souterraine qui le conduit à la sucrerie Centrale. Avec les 108 fabriques de sucre de France la statistique officielle enregistre 89 râperie, avec 925 kilomètres de conduites souterraines. Il y a des grandes sucreries qui possèdent jusqu'à 14 râperies, dont les distances de l'usine centrale sont très variables; certaines râperies en sont distantes de plus de 40 kilomètres. Naturellement, ces râperies ont leurs avantages et leurs inconvénients. Elles permettent de diminuer notablement les frais de transport, et de ramener plus facilement la pulpe à la ferme. En revanche, les batteries de diffusion de râperies, par leur marche lente et souvent irrégulière, sont exposées à plus de pertes de sucre par fermentation. Le travail d'extraction du jus y revient plus cher qu'à l'usine Centrale, où l'utilisation de la vapeur est plus économique.

D'autre part, les phénomènes qui se produisent dans le jus chaulé pendant son long parcours dans une canalisation souterraine ne sont pas encore suffisamment étudiés. On sait seulement que la faible alcalinite du jus ne le protège pas efficacement contre certaines altérations; que des microorganismes s'y développant rapidement, notamment des leuconostocs, d'où une perte notable de sucre que certains fabricants avisés évaluent à 0.50%, sans parler de l'augmentation d'éléments mélassigènes. Or, il y a environ quarante ans, il m'a été donne de faire l'intéressante observation suivante : Dans une fabrique de sucre d'importante moyenne, les deux tiers y étaient livrés à la Centrale et un tiers à la Râperie. Comme cette année là la Centrale avait fini ses betteraves huit jours avant la Râperie, c'est le seul jus de cette dernière qui fut utilisé pour la fabrication de sucre durant une semaine.

Toutefois, la carbonatation, l'évaporation et surtout la cristallisation se trouvèrent ralenties par la viscosité plus grande des produits, conséquence directe de l'altération que le jus de diffusion avait subie dans son trajet souterrain.

Indépendamment des pertes de sucre à la diffusion, dans les écumes de carbonatation, etc.. il y a des pertes de sucre à l'évaporation, pertes indéterminées qu'il n'est pas aisé d'évaluer.

Dans une fabrique de sucre d'importance moyenne n'ayant pas de râperie, les pertes de sucre en fabrication sont subdivisées en deux catégories :

1°- <u>Les pertes déterminées</u> qui sont indiquées par l'analyse et qui sont inévitables. Les chiffres normaux (rapportés à 100 parties de betteraves) sont :

1° - Dans les pulpes 0.357
2° - Dans les petites eaux de diffusion......0.161
3° - Dans les tourteaux de filtration 0.208
4° - Sucre immobilisé dans les mélasses .....1.654.

TOTAL ....2.380 %

S'il y avait, par exemple, 16.400% de sucre, dans les betteraves mises en oeuvre, et que le sucre extrait, pesé, représente 13, 475%, les pertes totales en sucre seront : 16.400 - 13, 475 = 2,925% de betteraves.

Comme les pertes déterminées sont de 2,380%, nous auront:

2° - <u>Pertes indéterminées</u> (obtenues par la différence), 2, 925 - 2.380 = 0,545% de betteraves.

Ces pertes indéterminées représentent le sucre détruit à la diffusion et pendant l'évaporation du jus. Quant au point de départ, le sucre contenu dans les betteraves, il est donné par la moyenne des analyses de cossettes fraiches de la diffusion, le poids exact des betteraves, mises en oeuvre étant indiqué par une bascule enregistreuse genre CHRONOS.

Dans les usines ayant des râperies, les pertes indéterminées sont plus considérables, sans qu'il soit possible d'en indiquer le montant, même approximativement.

En effet, le service chimique de chaque râperie étant réduit à sa plus grande simplicité, on s'y contente des analyses fréquentes des pulpes et des petites eaux, sans songer à l'analyse méthodique des cossettes fraiches pour laquelle le laboratoire de l'usine centrale est seul outillé. Dans la plupart de ces fabriques on renonce à déterminer le sucre entré à l'usine sous forme de betteraves, ne pouvant y arriver que par des calculs approximatifs, basés sur les analyses d'échantillons de betteraves entières apportées des râperies, vu l'impossibilité matérielle d'opérer sur les cossettes tombant du coupe-racines.

La dessication préalable des betteraves découpées en cossettes, suivie de l'extraction directe de ces dernières d'un sirop concentré, permettront de supprimer ces pertes de sucre indéterminées et ces altérations de la qualité du jus de diffusion. Quant aux pertes déterminées mentionnées ci-dessus, elles seront d'autant plus réduites que les quantités d'écumes et de tourteaux de filtration sont plus réduites dans le nouveau procédé. J'estime que l'ensemble des pertes indéterminées de sucre dans la fabrication habituelle : pertes dans les betteraves conservées en silos, pertes par destruction du sucre dans la diffusion ordinaire des cossettes fraiches et pendant le parcours du jus dans les canalisations souterraines, pertes à l'évaporation, etc., doit varier dans certaines limites avec une moyenne d'au moins, 2% des betteraves réceptionnées.

Un autre point caractéristique du nouveau PROCÉDÉ d'OXFORD est la proportion réduite de mélasse finale, qui n'est que de 3 % de betteraves, contre 4 % du procédé usuel. D'ailleurs, dans les fabriques françaises faisant du beau sucre cristallisé, la quantité de mélasse % de betteraves est plus élevée, en même temps qu'elle est moins épuisée. J'ai sous les yeux les résultats de la dernière campagne de l'une de nos fabriques de sucre, usine Centrale avec deux râperies, mettant en oeuvre 1.000 tonnes de betteraves par jour, dont le travail est particulièrement soigné et le contrôle chimique bien organisé. J'y relève les chiffres suivants, basés sur les poids des betteraves mises en oeuvre (Chronos) et des sucres 1er et 2ème jets (<u>pesés par la Régie des Contributions Indirectes</u>):

Teneur moyenne en sucre % de betteraves	15.890
Sucres produits % "	12.752
Pertes totales (par différence)% "	3.138

Ces pertes totales sont subdivisées ainsi :

1° - Dans les pulpes (0,231X95 %)	= 0,219 %	de betteraves	
2° - Dans les petites eaux (0,138X110%)	= 0,152 %	"	"
3° - Dans les écumes (0,39X10%)	= 0,059 %	"	"
4° - Dans les mélasses (51,62X4,32%)	= 0,229 %	"	"
5° - Pertes indéterminées (3,138-2,659)	= 0,479 %	"	"

Pertes totales .... 3,138 % de betteraves.

Les caractéristiques chimiques du nouveau procédé se traduisent par la suppression radicale des pertes indéterminées en sucre qui se produisent habituellement par la conservation des betteraves fraiches dans les silos, par la destruction biologique de sucre dans la diffusion des cossettes fraiches et dans le trajet souterrain du jus des râperies, ainsi que par la destruction de sucre pendant l'évaporation, permettant ainsi d'augmenter le rendement en sucre de 20 kg par tonne de betteraves réceptionnées.

Laissons aux personnes plus qualifiées le soin de calculer la dépense d'installation d'une sécherie de betteraves, comparativement avec celle d'une râperie habituelle de même importance, avec sa diffusion, sa pompe de refoulement et ses canalisations souterraines. Toutefois, le travail de la sécherie coïncidant avec la période des livraisons des betteraves par les producteurs, sera d'une durée bien plus courte que celle d'une râperie habituelle, dont le travail se prolonge pendant toute la période de conservation des betteraves dans les silos.

VIII

CONSIDÉRATIONS ÉCONOMIQUES

Le centre de gravité du PROCÉDÉ d'OXFORD réside entièrement dans la dessiccation sans altération des betteraves découpées en cossettes et la possibilité de conserver pendant toute l'année des cossettes sèches. Le travail usuel de betteraves fraiches, dont l'extraction de sucre est effectuée dans une période réduite (Voir le tableau p.5), inférieure à 80 jours, sera remplacée par le travail de cossettes sèches, dont on extraira le sucre pendant une période d'au moins 320 jours, avec un matériel réduit au quart de son importance habituelle. On pourra donc dessécher les betteraves pendant les six semaines des livraisons par les producteurs et ne commencer le travail d'extraction de sucre qu'après avoir terminé la dessication des racines et l'emmagasinement complet des cossettes sèches. Mais il me semble plus rationnel de rendre l'extraction de sucre indépendante de la dessiccation des cossettes fraiches, en installant un sécheur spécial pour les pulpes de diffusion produites pendant la courte période de dessiccation de betteraves.

Pour le travail de 100.000 tonnes de betteraves, dont le rayon de production est trop grand pour que la totalité puisse être livrée à l'usine centrale, on répartira la réception des betteraves dans trois ou quatre secheries, dont une à la Centrale et les autres installées dans des centres agricoles appropriés. Soit par exemple une sécherie de 40.000 tonnes à l'usine centrale, et deux autres, plus petites de 30.000 tonnes chacune. Ou bien, on adoptera le type d'Eynsham, soit quatre sécheries de 25.000 tonnes de betteraves chacune, dont une à l'usine centrale, et les trois autres aux endroits convenablement choisis. Ces sécheries seront plus faciles à établir que des Râperies, puisqu'il n'y aura pas de diffusion, ni pompes à refouler le jus produit, pas plus que des canalisations souterraines reliant la Râperie à l'usine centrale. Et puisqu'il y a maintenant des secteurs électriques un peu partout, la Sécherie n'aura même pas besoin de chaudière à vapeur. On utilisera la source électrique de l'endroit pour produire la force motrice nécessaire aux laveurs, aux élévateurs, au coupe racines et aux dessiccateurs.

Quant au matériel d'extraction de sucre, fonctionnant pendant une période quadruple d'une sucrerie du système usuel, il sera réduit au quart de son importance pour la diffusion, les cuites, les malaxeurs, les turbines et les manipulations du sucre produit. Mais le four à chaux, la pompe à gaz, les stations de carbonatation, de sulfitation, de filtration des jus et des sirops, et les appareils d'évaporation avec leur cortèges de pompes, y seront remplacés par les stations très réduites de défecation à la chaux, d'essorage, de carbonation (c'est-à-dire l'épuration du sirop au charbon actif) et de filtration. On conçoit aisément que l'installation d'une sucrerie centrale avec deux ou trois sécheries

indépendantes, devant travailler 100.000 tonnes de betteraves par le procédé d'Oxford, reviendra sans doute au prix d'une petite sucrerie ordinaire faisant 25.000 tonnes de betteraves par an. Je laisse aux constructeurs spécialisés le soin d'établir les devis détaillés.

Il s'en suit que le problème à la fois agricole et économique de la culture betteravière et de fabrication de sucre changera d'aspect désormais, grâce au PROCEDE d'OXFORD, et que, dans les régions plus méridionales, on cultivera la betterave sur une plus grande échelle, en augmentant considérablement les rendements en céréales à récolter à la suite des plantes sarclées, suivant l'expérience acquise dans la région du Nord. Ce système se prêtera particulièrement aux coopératives agricoles dans le genre de certaines distilleries de betteraves de la Normandie.

Au point de vue purement commercial, il y aura un grand avantage à répartir la production d'une sucrerie sur toute l'année, au lieu de la limiter aux trois derniers mois de l'année. En effet, les prix du sucre, cotés aux marchés de Paris, de Londres et de New-York, sont habituellement plus bas durant ces trois mois, que pendant la période trimestrielle précédente, la moyenne annuelle formant la ligne médiane (voir le tableau ci-dessous, page 32).

COTE MOYENNE MENSUELLE DU SUCRE BLANC N° 3, A LA BOURSE DE PARIS

	Année 1922.	Année 1923.	Année 1924.	Année 1925.	Année 1926.	Année 1927.
	Frcs:	Frcs:	Frcs:	Frcs:	Frcs:	Frcs:
Janvier	155.11	211.69	312.72	177.04	231.52	297.80
Février	158.18	275.04	373.61	196.07	252.67	302.31
Mars	167.82	301.88	368.32	209.91	248.96	293.72
Avril	163.69	305.31	283.47	203.20	256.60	274.65
Mai	161.27	300.35	260.09	197.42	272.13	270.92
Juin	171.18	282.39	272.64	212.50	283.27	245.70
Juillet	186.77	276.50	273.26	200.69	337.73	251.02
Août	179.02	253.02	263.85	228.08	321.76	228.85
Septembre	179.35	300.11	238.12	224.73	348.81	231.91
Octobre	150.42	265.07	200.50	193.99	353.20	196.07
Novembre	168.70	266.55	185.90	210.22	310.03	209.79
Décembre	186.07	289.41	174.77	221.64	292.16	230.87
Moyennes de l' année	168.96	277.28	267.44	208.12	292.40	250.80
Moyennes des trois derniers mois	168.37	273.68	199.72	208.62	318.46	212.24
Moyennes de Juillet à Septembre	178.38	276.54	265.08	217.83	336.10	237.26

D'autre part, le PROCÉDÉ d'OXFORD permet d'obtenir directement des beaux sucres de consommation directe, d'un prix plus élevé que celui du N° 3, produit par nos sucreries françaises, acheté par la Raffinerie. Or, avec une dépense supplémentaire infime, on pourrait obtenir avec le nouveau procédé des agglomérés en lingots débités, ou en cubes, alors que les frais de raffinage dépassent 40 francs par 100 Kg. de raffiné en morceaux.

Quant aux frais de fabrication par tonne de betteraves mises en oeuvre, ils sont bien plus réduits dans le nouveau procédé, grâce à la simplification de la marche de la fabrication. Il y a, en première ligne, une notable réduction de la main-d'oeuvre, réalisée par la suppression radicale de plusieurs stations entre la diffusion, et la cristallisation. Il y a suppression complète de certaines dépenses telles que celles de coke (8 kgs) et de calcaire (80 kgs), tandis que d'autres sont notablement réduites, celles d'huiles et graisses, etc. Il y a également une réduction sensible des frais d'entretien de l'usine, ainsi que des frais généraux, par suite des dimensions réduites de la fabrique et du matériel industriel. D'autre part, le remplacement de l'évaporation du jus par la dessiccation des cossettes fraiches, n'occasionne pas d'augmentation dans la consommation du charbon, l'expérience de la Sucrerie de Eynsham ayant démontré que cette consommation est à peu près égale à celle que la Statistique Officielle donne comme moyenne des sucreries françaises.

Toutefois, le calcul par tonne de betteraves mises en oeuvres, n'est pas un terme de comparaison pour discuter la valeur d'un procédé nouveau, susceptible de relever sensiblement le rendement en sucre et de fournir des produits de qualite supérieure. En effet, tous ces chiffres changeront d'aspect, étant rapportés à l'unité du produit final de la fabrication.

Et la seule conclusion qu'il convient de tirer de ce qui vient d'être exposé, c'est que le PROCEDE D'OXFORD permettra d'abaisser le prix de revient du sucre de betterave à un niveau insoupçonné jusqu'à présent, tout en procurant à cette industrie agricole une plus grande souplesse d'action et d'extension.

(signé) D. SIDERSKY.

Paris, le 16 Juillet 1928.

TABLE des MATIÈRES

www.ingramcontent.com/pod-product-compliance
Ingram Content Group UK Ltd.
Pitfield, Milton Keynes, MK11 3LW, UK
UKHW022127260726
13993UKWH00003B/1278